探索 宇宙奥秘

宇宙之旅

科普文化站◎主编

应急管理出版社
·北京·

图书在版编目（CIP）数据

宇宙之旅／科普文化站主编．--北京：应急管理出版社，2022（2023.5 重印）

（探索宇宙奥秘）

ISBN 978-7-5020-6142-5

Ⅰ.①宇…　Ⅱ.①科…　Ⅲ.①宇宙—儿童读物　Ⅳ.①P159-49

中国版本图书馆 CIP 数据核字（2022）第 035169 号

宇宙之旅（探索宇宙奥秘）

主　　编	科普文化站
责任编辑	高红勤
封面设计	陈玉军

出版发行	应急管理出版社（北京市朝阳区芍药居 35 号　100029）
电　　话	010-84657898（总编室）　010-84657880（读者服务部）
网　　址	www.cciph.com.cn
印　　刷	三河市南阳印刷有限公司
经　　销	全国新华书店

开　　本	880mm×1230mm$^1/_{32}$　印张　24　字数　430 千字
版　　次	2022 年 11 月第 1 版　2023 年 5 月第 2 次印刷
社内编号	20200873　　　　定价　120.00 元（共八册）

　　宇宙是怎么诞生的？银河系是如何被科学家发现的？除了太阳，太阳系家族还有哪些成员？恒星离我们有多远？月球车在月球上发现了什么？航天员在太空中是怎样生活的……宇宙是如此浩瀚而神秘，激发着我们的好奇心和求知欲，驱使着我们不断地去探索、去揭开那些鲜为人知的奥秘。

　　为了满足孩子们的好奇心和求知欲，激发他们的科学探索精神，我们精心编排了这套《探索宇宙奥秘》丛书。这是一套图文并茂的少儿科普书，集趣味性、知识性、科学性于一体，囊括了太阳系、银河系、地球、恒星、月球等天文学知识。本系列丛书从孩子的视角出发，精心选取孩子感兴趣的热门话题，根据他们的阅读特点和认知规律进行编排，以带给孩子美好的阅读体验。

　　赶快翻开这本书，让我们一起推开未知世界的大门，尽情感受宇宙的广阔与奥妙吧！

目录

人类探索太空的历史

千百年来，人类只能站在地面上仰望天宇的庄严和神奇，猜测它的奥秘。科学技术的发展使人类推开了天门，开始了新的探索历程——太空之旅。

太空之旅的开端

1957 年 10 月 4 日，苏联把世界上第一颗人造地球卫星——"人造地球卫星"1 号送入太空。此举实现了千百年来人类探索浩

超神奇!

1965 年 3 月 18 日，苏联发射了"上升"2 号飞船，航天员列昂诺夫在舱外空间环境中行走了 12 分钟，成为太空行走第一人。

瀚宇宙的美好夙愿，也为人类进入太空创造了可能。至此，人类清楚地了解到，人类上天必须满足 3 个条件：第一，要有强大的运载工具；第二，要有可供航天员乘坐的先进航天器；第三，必须弄清高空环境和飞行环境对人体的影响，并找到应对方法。

太空之旅的发展

自第一颗人造卫星成功发射后，人类利用人造天体研究和开发宇宙的时代就开始了。在短短的半个多世纪里，从人造卫星的应用到星际探索，从月球探险到火星、土星探测计划，人类对太空的探索已取得飞速发展。迄今为止，人类已经成功研制了载人飞船、空间站、航天飞机等载人航天器，将 500 多人送入太空，有 12 人登上月球，并已开始建造永久性载人空间站。

探索太空遇到的挫折

人类探索太空的历史不只有光辉和伟大，在这几十年的探索道路上，也出现过不少次危机，甚至发生过悲剧和灾难。

1970年4月11日，载有3名航天员的美国"阿波罗"13号飞船升空。在即将抵达月球轨道时，服务舱的液氧箱突然发生爆炸，致使飞船失去了平衡。幸亏航天员沉着冷静、训练有素，凭借过硬的专业技能和非凡的勇气，在地面控制中心的调动和帮助下，用登月舱有限的氧气、水和动力，操控着登月舱成功返回了地球。

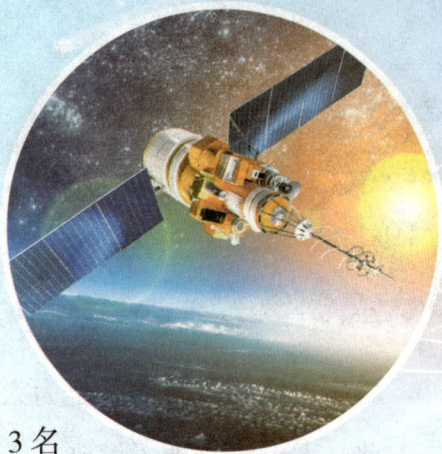

1971年6月7日，苏联发射的载人宇宙飞船——"联盟"11号和"礼炮"1号空间站对接成功，完成了航天史上的几项重要创举，但在归途中座舱空气泄漏，

致使帕查耶夫等 3 名航天员丧生。

1986 年 1 月 28 日，美国发射的"挑战者"号航大飞机载着 7 名航天员升空，准备执行这一次的航天飞行任务。可是它仅升空 73 秒，就发生了爆炸。"挑战者"号在数秒内化成一团火球，机上的 7 名航天员全部遇难。这是人类迈向太空的征途中最严重的一起航天事故。

宇宙科学馆

为了有效地保护航天员，航天站是被隔热层包住的。当太阳活动增加时，航天员可以通过服用一种抵抗宇宙辐射的药物，来保护自己。

天文望远镜

天文望远镜是观测天体的重要工具，没有天文望远镜，就没有现代天文学。天文望远镜为人类探索宇宙提供了巨大的便利，使人类对宇宙的认识不断加深。

光学望远镜

在今天，天文望远镜已经不局限于光学波段了。而在此之前，光学望远镜一直是天文观测最重要的工具。下面我们就简单介绍一下不同种类的光学望远镜。

折射式望远镜是光学望远镜最早的形式，第一架实用的折射式望远镜是由荷兰眼镜商人汉斯·李普希于

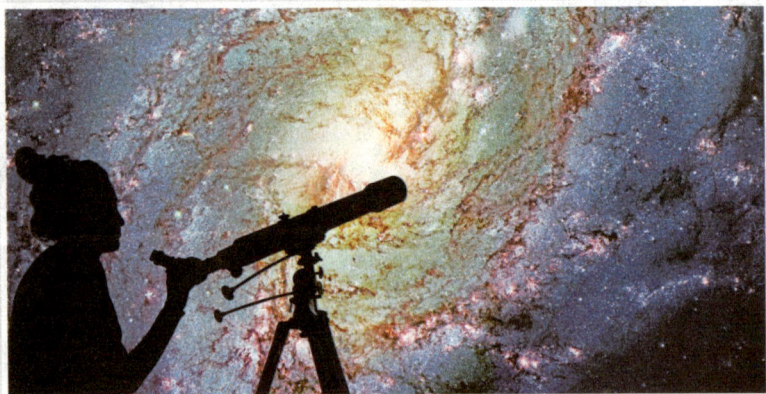

1608 年发明的。人们常用的折射式望远镜是伽利略式或开普勒式。

折射式望远镜的优势在于焦距长，底片比例尺大，对镜筒弯曲不敏感，适用于天体测量工作。但是，它也有一些明显的缺点，即有残余的色差，同时对紫外波段、红外波段的辐射吸收得很厉害。1897 年，口径 102 厘米的叶凯士望远镜诞生，标志着折射式望远镜的发展达到了顶点。

第一架反射式望远镜诞生于 1668 年，是由英国物理学家牛顿发明的。反射式望远镜的优点是没有色差，能在广泛的可见光范围内观测天体发出的信息，在制作方面，也比折射式望远镜更容易。但它也有自身的局限性，如口径越大视场越小，得到的图像清晰度不高，物镜需要定期镀膜等。

折反射式望远镜是 1931 年由德国光学家施密特发明的。这种望远镜的特点是光力强、视场大、像差小，很适合拍摄大面积的天空照片，对暗弱星云的拍摄效果非常好。折反射式望远镜能兼顾折射式和反射式两种望远镜的优点，因此受到了广大天文爱好者的青睐。

射电望远镜

20 世纪 30 年代，美国无线电工程师雷伯发明了第一架射电望远镜。射电望远镜不同于光学望远镜，它接收的不是天体的光线，而是天体发出的无线电波。射电望远镜的样子与雷达接收装置非常相像，最大的特点是不受天气条件的限制，即无论刮风下雨还是白天黑夜，都能观测，而且观测的距离更加遥远。

射电望远镜为什么会有这么大的本事呢？我们知道，宇宙中的天体都能发出不同波长的电磁辐射，但我们的

眼睛只能看见可见光范围内的辐射，却看不见可见光之外的 γ 射线、X 射线、紫外线、红外线和无线电波等。射电望远镜能接收各种波长的辐射，因此，还能观测到光学望远镜看不到的天体呢！随着射电望远镜的发展，天文学又前进了一大步。20 世纪 60 年代，天文学家先后发现了类星体、星际有机分子、微波背景辐射和中子星。

空间望远镜

太空是良好的天文观测场所。我们知道，

超神奇！

1994 年，中国天文学家南仁东提出 FAST（500 米口径球面射电望远镜）工程概念。2016 年，FAST 投入使用。FAST 被称为"中国天眼"，位于贵州省黔南布依族苗族自治州平塘县克度镇的喀斯特洼坑中，是目前世界上最大的单口径和最灵敏的射电望远镜。

地球大气会对电磁波进行严重的干扰，因此，天文学家便设想将望远镜移到太空中，这样可以获取更准确的天文资料。随着空间

宇宙科学馆

在太空里，哈勃空间望远镜的使用受到很多限制，它不能使用常规电源、旋转座架及用光缆线来连接监控计算机，而要使用提供能量的太阳能电池板、用来调整方向的反应轮及与地球交流的无线电天线。

技术的发展，这种设想成为可能，在大气层外观测的空间望远镜应运而生。

著名的哈勃空间望远镜是目前最先进的空间望远镜。它的诞生就像17世纪伽利略望远镜的出现一样，是天文学发展道路上的一座里程碑。

1990年，美国国家航空航天局的"发现者"号航天飞机将哈勃望远镜送入太空。从此，它就在离地球表面

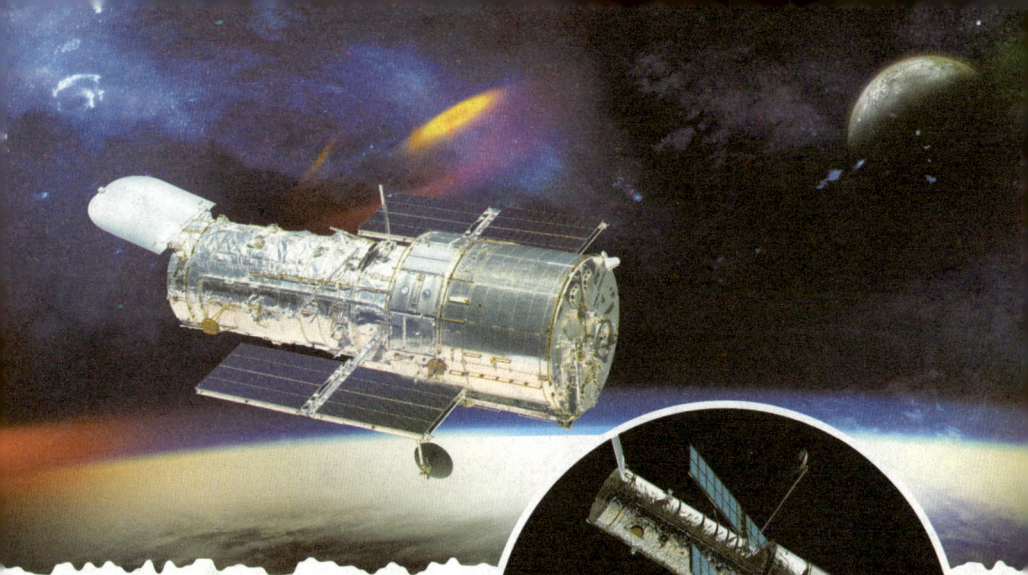

590 千米高空的轨道上运行。哈勃空间望远镜的质量约 11 吨，主镜口径达 2.4 米。它携带了宽视场和行星照相仪、弱天体照相仪、弱天体摄谱仪、高分辨率摄谱仪、高增益天线以及精细导星传感器等先进设备。其观测能力非常强，可以接收到很远的由黯淡天体发出的微弱光线。

　　哈勃望远镜由美国马里兰州戈达德太空飞行中心发出的无线电指令控制。截至目前，它已通过向地面上发送无线电波的方式，为天文学家提供了一些极有价值的图片。

运载火箭

　　运载火箭是由多级火箭组成的运载工具，它能将人造卫星、载人飞船、空间探测器等从地球送入太空的预定轨道。运载火箭自诞生以来，已经把许多航天器送到太空中，为人类探索太空事业立下了汗马功劳。

发展历程

　　罗伯特·戈达德是美国最早的火箭发动机发明家，是火箭实验创始者，被公认为"现代火箭技术之父"。1926 年 3 月 16 日，戈达德研制出世界上第一枚液体燃料火箭并发射成功，这成为世界航天史上一座重要的里程碑。

　　人类历史上第一枚现代运载火箭是在 1957 年 10 月

由苏联发射成功的，它把世界上第一颗人造地球卫星送入太空，为人类发展航天运输和空间应用技术开了先河。

自1957年至20世纪80年代，世界各国陆续研制成功20多种大、中、小型运载火箭，其中比较具有代表性的有苏联的"东方"号系列运载火箭、美国的"大力神"系列运载火箭、日本的"H"系列运载火箭、中国的"长征"系列运载火箭等。

20世纪80年代以后，商业通信卫星技术的迅猛发展和大量应用，推动了运载火箭的快速发展。欧洲航天局

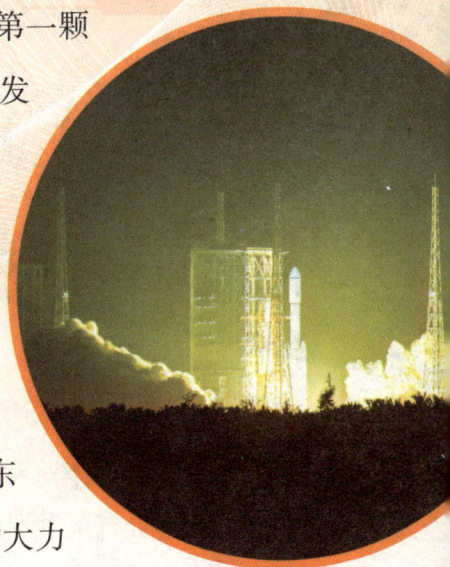

在"阿丽亚娜"1号运载火箭的基础上陆续研制出了多种不同类型的"阿丽亚娜"运载火箭，从而使该系列运载火箭成为目前世界上运载能力最强的商用运载火箭。

工作原理

地球上所有的物体都受地心引力的影响而有向下的趋势，那么巨大而沉重的火箭是如何升空的呢？原来火箭的运行利用了"作用力和反作用力"的原理。火箭升空需要燃烧化学制剂来产生推动力。燃料燃烧时产生了高温高压气体，这些气体从尾喷管高速喷出，在反作用力的推动下，箭体就向上飞去。到了一定高度，火箭助推器和工作完毕的各级火箭在燃料耗尽后就会自动脱离。

超神奇！

1970年4月24日，中国自行设计、制造的第一颗人造地球卫星"东方红"一号由"长征"一号运载火箭一次发射成功。卫星绕地球一周，运行过程中一直在播放乐曲《东方红》。

分类

宇宙科学馆

现代的火箭按其发动机所用的能源，可分为化学火箭、核火箭和电磁火箭。其中化学火箭的用途最广泛，也是使用最多的一种。化学火箭因使用不同性质的燃料又可以分为固体推进剂火箭、液体推进剂火箭和固液混合推进剂火箭。

火箭和导弹是不一样的：导弹是指依靠自身的动力装置推进，由控制系统控制其飞行并导向目标的一种武器；而火箭则是一种依靠火箭发动机产生的反作用力推进的飞行器。

人造地球卫星

卫星是指那些环绕行星运行的天体。卫星有两种：一种是天然卫星；另一种就是人造地球卫星，简称人造卫星。人类制造出卫星后，用太空飞行载具如火箭、航天飞机等，将其发射到太空中的固定轨道，然后它就会像天然卫星一样环绕地球运行。

发展历程

1957年10月4日，苏联发射了世界上第一颗人造地球卫星。这颗人造地球卫星是由1个铝球和4根天线组成的，天线可发送无线电信号。1958年1月4日，这颗人造地球卫星返回时在大气层中被烧毁。

苏联的创举大大激发了世界各国研制和发射人造地球卫星的热情。美国、法国、日本、中国、英国等国家相继将人造地球卫星送入太空。

人类制造了许多人造卫星，它们有不同的种类。

按运行轨道分类，人造地球卫星可以分为低轨道卫星、中高轨道卫星和地球静止轨道卫星。

按照用途分类，人造地球卫星可分为科学卫星、技术试验卫星和应用卫星。科学卫星的研发是为了科学探测和研究，主要包括空间物理探测卫星和天文卫星。它们的使命主要是研究高层大气、地球辐射带、地球磁层、宇宙线、太阳辐射等，也可以用来观察其他星体。技术试验卫星是用来进行新技术试验或为应用卫星进行试验的卫星。应用卫星则直接为人类服务，主要包括通信卫星、气象卫星、侦察卫星、导航卫星、测地卫星等。

超神奇！

人类不能保证人造地球卫星能得到百分之百的利用，当它们身上的设备发生不可修复的故障时，整个卫星就会失效。此时它们只能绕着地球一圈又一圈地转，变成太空的"流浪汉"。

用途广泛的应用卫星

应用卫星是种类最多、数量最大的人造卫星，用途非常广泛，与我们的生活息息相关。气象卫星可以迅速地、连续不断地监测大气层的情况，为人们提供研究气象的依据；通信卫星可以接收地面的信号，然后快速地将其传到世界的每个角落；测地卫星不仅可以对地球进行观测，还可以帮助人们探测地球的资源；侦察卫星可以从空中监控地面的军事设施和军事行动，因此又被人们称为"间谍卫星"；导航卫星则可以帮人们指引方向，为人们找到最佳路线，降低航运成本，提高运输效率。

宇宙科学馆

所有国家在发射卫星时，总是把发射方向指向东方。这是因为地球自转的方向是自西向东，人造卫星由西向东发射时，可以利用地球自转的惯性，从而大大节省燃料和推力。不过，由于世界各地的发射地所在的位置不同，发射的方向总是偏北或偏南一些。

宇宙飞船

　　随着科技的发展，人类已经不能满足于在地球上观测和研究宇宙了，在这种情形下，宇宙飞船应运而生。宇宙飞船是一种可以运送航天员或货物到太空，并安全返回的航天器。宇宙飞船的诞生，开启了人类的星际之旅。

主要结构

　　目前，科学家已经研制出三种结构的宇宙飞船，即一舱式、两舱式和三舱式。一舱式飞船是最简单的，只有航天员的座舱，也叫返回舱；两舱式飞船由座舱和提供动力、电源、氧气和水的服务舱组成，改善了航天员生活和工作的环境；三舱式飞船是在两舱式飞

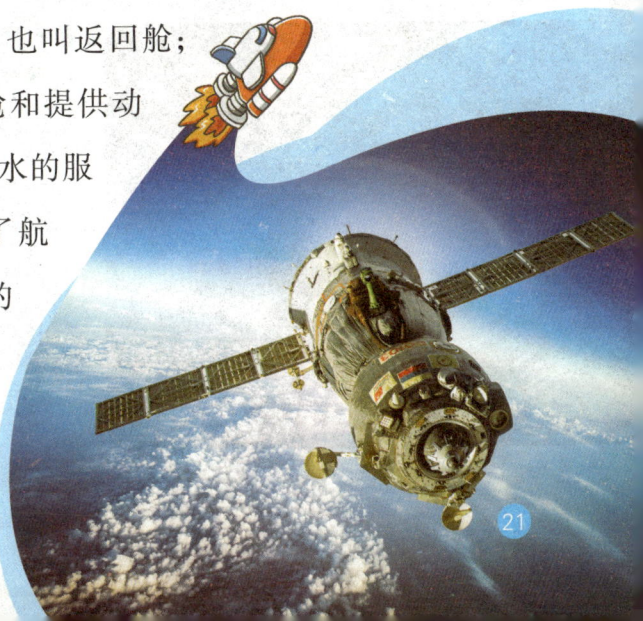

船的基础上增加了一个轨道舱，增大了航天员的活动空间，便于他们进行多种科学实验。

宇宙飞船的返回舱是一个密闭座舱，在轨道中飞行时与轨道舱连在一起，成为航天员的居住舱。在宇宙飞船起飞阶段和降落阶段，航天员都要半躺在舱内的座椅上。座椅前方是仪表板，可以显示飞行情况。座椅上安装有姿态控制手柄，在飞船自控失灵时，航天员可以操纵手柄进行调整。

主要类型

宇宙飞船一般可载 2 ~ 3 名航天员，在轨运行时间通常为几天到半个月，能基本保证航天员在太空短期生活并进行一定量的工作。除了载人宇宙飞船，还有货运宇宙飞船、载人货运混合型宇宙飞船。按照飞行任务的不同，载人飞船可分为卫星式载人飞船、登月式载人飞船和行星际式载人飞船。

目前用途最广的是卫星式载人飞船，如中国的"神舟"五号等飞船均属此类。这种飞船可以像卫星一样在距地面几百千米的近地轨道上飞行。

登月式载人飞船在两舱式飞船的基础上增设了一个登月舱。当登月飞船进入月球轨道时，航天员可乘坐登月舱在月面着陆，完成在月面的任务后再乘登月舱飞离月面。这种飞船在美国的"阿波罗计划"中已被多次使用，并获得成功。

宇宙科学馆

载人宇宙飞船实际上相当于载人的卫星，与卫星不同的是它有生命保障、报话通信、逃逸救生等系统，以及雷达、计算机和变轨发动机等设备。

际式载人飞船要向以下三个方面发展：一是要具备多种功能，二是返回落点的控制精度要在百米级范围以内，三是返回地面的座舱经适当修整后可重复使用。

"黑障"现象

飞船（三舱式）在返回地面之前，轨道舱和服务舱会分别与返回舱分离，并在进入大气层的过程中焚毁，只有返回舱载着航天员返回地面。返回舱进入地球大气层时，在某一段时间内，会出现与外界联络严重失真甚至中断的现象，这在航天上叫"黑障"现象。原来，航天器在经过大气层时，与大气产生剧烈的摩擦，使其表面与周围的空气发生电离，从而导致通信电波衰减或无法发出。航天器的速度逐渐减慢后，通信也就恢复了。

航天飞机

航天飞机，又称太空梭或太空穿梭机，是可重复使用的、往返于宇宙空间和地面之间的航天器。它兼具载人航天器和运载器的功能，既能代替运载火箭把人造卫星等航天器送入太空，也能像载人飞船那样在轨道上运行，还能像飞机那样在大气层中滑翔着陆。

组成部分

航天飞机由轨道飞行器、固体燃料助推火箭和外燃料箱三大部分组成。

外燃料箱外表为铁锈颜色，主要由前部液氧箱、后部液氢箱，以及连接前后两箱的箱间段组成。外燃料箱负责为航天飞机的 3 台主发动机提供燃料。外燃料箱是航天飞机三大部分中唯一不能重复使用的部分。

固体燃料助推火箭在每个航天飞机上有两台，里面装有助推燃料，平行安装在外燃料箱的两侧，为航天飞机垂直起飞和飞出大气层进入轨道提供额外推力。其在发射后的前2分钟，与航天飞机的主发动机一同工作，到达一定高度后，与航天飞机分离，回收后可重复使用。

轨道器即航天飞机本身，它是整个系统的核心部分。轨道器是整个系统中唯一可以载人的、真正在地球轨道上飞行的部件。它很像一架大型的三角翼飞机，但它所经历的飞行过程及其环境比现代飞机要恶劣得多，既要

超神奇！

集众多高精尖技术于一身的航天飞机是目前人类在航天方面的成果之一，迄今为止，只有美国和俄罗斯制造出了航天飞机。

有适于在大气层中做高超音速、超音速、亚音速飞行和水平着陆的气动外形，又要有承受进入大气层时高温气动加热的防热系统。因此，它是整个航天飞机系统中设计最困难、结构最复杂、遇到问题最多的部分。

大显身手

　　航天飞机一登上宇宙航行的舞台便大显身手，在航天领域扮演着重要的角色，它能执行各种各样的任务。

　　航天飞机可以将人造卫星送入太空中的轨道，也可以把航天员送入太空。从这个角度来说，它与运载火箭的功能是一样的。不同之处在于，它可以重复使用，维修方便，发射程序也更简单。

　　航天飞机可以回收、检修航天器。最初，如果太空中的人造卫星的某个部件或某一系统发生故障，整个卫星就会失效，被白白遗弃，造成很大浪费。航天飞机出现后，这一问题便得到了解决。

宇宙科学馆

航天飞机可以调整自己的飞行轨道、速度、姿态，与发生故障的卫星交汇，用机械手将该卫星回收到舱内进行检修，检修完成后再将其重新送入轨道。此外，航天飞机也可以将卫星带回地面修理。

航天飞机和宇宙飞船都是载人航天器，但二者有一定的区别：形状上，航天飞机是飞机的形状，宇宙飞船则多为椭圆形；使用上，航天飞机可反复使用，宇宙飞船却只能一次性使用。

航天飞机可以长时间在太空轨道运行，因此可以在其上放置空间实验室，进行太空科学实验和相关研究。空间实验室与航天飞机连成一个整体，它不能单独存在。

根据任务的不同，空间实验室可以携带不同的仪器，适应性、灵活性很强。

重大空难

在航天飞机的发展史上，发生过两次重大的航天飞机事故。

1986年1月28日，美国"挑战者"号航天飞机在升空73秒后爆炸，7名航天员全部遇难。这次事故是由助推器上的密封圈失效造成的。

2003年2月1日，美国的"哥伦比亚"号航天飞机结束科学实验任务之后，在返航途中爆炸解体，造成7名航天员丧生。这次事故是由一侧机翼的防热系统损坏造成的。

到了2011年，航天飞机全部停飞。

航天飞机时代的结束，意味着人类的一个探索阶段的终止，但人类向着更高阶段探索的脚步永远不会停止。

空天飞机

空天飞机，是航空航天飞机的简称，是一种兼有航空和航天功能的新型飞行器。空天飞机将会是 21 世纪世界各国争夺制空权和制天权的关键武器之一。现在，航空、航天等方面技术领先的国家都在积极研制空天飞机，但目前均没有取得真正意义上的成功。

功能概述

空天飞机是一种未来的飞机，它可

超神奇！

早在 20 世纪 60 年代初，就有人做过空天飞机的一些探索性试验，当时人们称它为"跨大气层飞行器"。但由于技术、经济条件的限制，且应用需求不明确，该计划中途夭折。

以像普通飞机那样水平起
飞，在大气层内飞行，
还能直接加速进入
地球轨道，成为
空间飞行器。但
在回到大气层后，
它又可以像飞机那
样降落在机场，成
为自由地往返于天地的
交通工具。此前，航空和航
天是两个独立的科学技术领域，由飞机和航天器分别在
大气层内外活动，而空天飞机却可以将航空技术与航天
技术高度结合。这样一来，空天飞机就能重复使用，可
以大大降低空间运输成本。

研制历程

　　1981 年，美国研制的世界上第一架航天飞机试飞成
功，这成为航天发展史上的大事件。然而航天飞机仍存
在诸多不足，除了费用高昂、维护复杂，还经常发生故
障。而空天飞机对地面设施的要求不高，在大型普通机

场就可以起飞和降落，维护起来比较简单，操作费用也不高。因此，美国一直致力于研究空天飞机。

美国空军和国家航空航天局将巨额资金投入空天飞机的研究上。"X"系列空天飞机的研发和试验飞行为空天飞机的开发积累了经验。

在此期间，欧盟也在紧锣密鼓地研究空天飞机，欧洲航天局和英国政府共同制订了欧洲"云霄塔"空天飞机计划。

法国则致力于自主研制空天飞机。20世纪80年代，法国研制过"赫尔墨斯"小型航天飞机，虽然没有研制成功，但是积累了不少经验。此外，法国在超燃冲压发动机等方面的技术也较为先进。

俄罗斯是老牌的航空航天技术强国。"暴风雪"号航天飞机就是苏联航空科技的结晶，尽管飞行时间短暂，却形成了一定的技术积累。20世纪七八十年代，苏联提

出了多种关于空天飞机的构想，但经过多次试飞，效果始终不理想，无法达到直接飞向太空的目的。此后，俄罗斯发明了多种极速火箭发动机和制造空天飞机的优良材料，始终在这条道路上摸索前行。

在空天飞机的研究方面，日本也提出了自己的构想，并积极展开了研究。20 世纪 90 年代，日本开始进行航天飞机和空天飞机的试验。日本把第一架航天飞机命名为"希望"号。

中国也非常重视这一领域，正大力发展空天飞机技术。现阶段，中国正在不断攻克研制空天飞机面临的技术难关，为空天飞机的研制夯实基础。

宇宙科学馆

研制空天飞机最关键的技术是动力装置。其动力装置必须在差异极大的速度范围内，也就是在速度为零时和超高速度范围内都能正常工作。

空间站

　　宇宙飞船和航天飞机在太空中停留的时间比较有限，为了能够进行更多的科学实验，人类发明了空间站。空间站又叫"航天站""轨道站"，一般由对接舱、气闸舱、轨道舱、生活舱、服务舱、专用设备舱和太阳能电池翼组成，是一种在近地轨道长时间运行、可供多名航天员在其中生活和工作的载人航天器。

主要特点

　　空间站的特点非常突出。首先，它结构复杂、体积庞大、有多种功能、能开展的太空科研项目多而广。其

次，空间站在轨道飞行时间较长。空间站作为环绕地球运行的半永久性的空间实验室，可用于长时间的科学和应用研究，保证太空科研工作的连续性和深入性，对逐步深化研究和提高科研质量有着重要作用。再次，空间站可减少投入费用。例如，目前的空间站都没有回到地面的功能，而是在太空直接接纳航天员，此举使空间站的结构简化，既降低了空间站的设计和建造难度，又减少了航天研究的支出，具有经济性。最后，空间站只要开启并调试后，载不载人都可以工作，每隔一段时间就能取得成果。这样航天员就不需要长时间待在太空了，也可以节省费用。当航天员在太空时，可以对空间站进行检修、维护，这样空间站的运行寿命就会延长，也能减少航天费用。

发展历程

　　随着人类探索的不断深入和科学技术的不断发展，

空间站也变得越来越复杂。迄今为止，人类发射的空间站可分为以下四代。

第一代空间站：单模块，只有一个对接口。如"礼炮"1号。

第二代空间站：仍然是单模块，但增加了一个对接口。如"礼炮"6号。

第三代空间站：变成了多模块，为积木式结构。"和平"号属于第三代空间站。

第四代空间站：仍然是多模块，为桁架结构和积木式的混合结构。国际空间站属于第四代空间站。

宇宙科学馆

"礼炮"计划是苏联首个空间站计划。该计划包括3个军事侦察站和6个科研站。"礼炮"计划打破了多项航天纪录。1991年该计划结束。

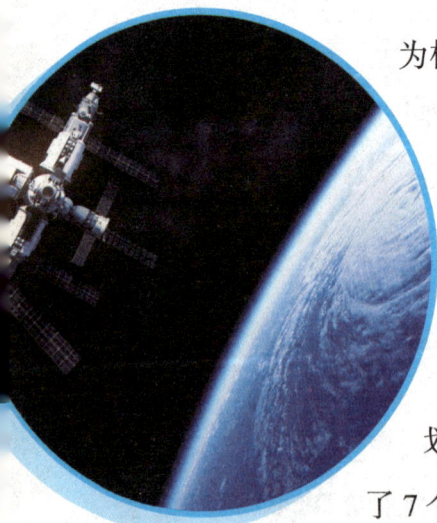

"礼炮"号系列空间站

"礼炮"号空间站是苏联迄今为止历时最长的一项载人航天计划。1971—1982年，苏联一共发射了7个"礼炮"号空间站。"礼炮"1号、

"礼炮" 2 号、"礼炮" 3 号、"礼炮" 4 号、"礼炮" 5 号是第一代空间站，只有一个对接口，只能与一艘飞船对接飞行。它们的主要任务是完成空间站本身的一系列技术试验，以及人在太空长时间驻留的试验。

超神奇！

世界上第一个空间站是苏联于 1971 年 4 月 19 日发射的"礼炮" 1 号。首个可供人类居住的空间站是苏联的"和平"号。世界上最大的空间站则是国际空间站。

"礼炮" 6 号、"礼炮" 7 号是经过改进的空间站，属于第二代空间站，增加了一个对接口，除了可以对接载人飞船，还可以与货运飞船对接，使航天员的生活物质能得到补给。"礼炮" 6 号、"礼炮" 7 号主要完成了宇宙物理学、航天医学、生物学、地球资源调查等方面的科学研究和实验。

"和平"号空间站

"和平"号空间站是苏联建造的一个轨道空间站，它是世界上第一个多舱体对接组合空间站，也是人类首个可长期居住的空间研究中心，还是首个第三代空间站。

1986年，苏联将"和平"号空间站的核心舱率先发射进太空，随后，5个实验舱也陆续被发射，它们与核心舱对接后，组装成了完整的空间站。

　　"和平"号空间站自上天以来，创下了在太空工作时间最长、超期服役时间最长、工作效率最高、接待各国航天员最多等多项世界纪录。此外，"和平"号空间站进行过超过百项实验，获得了大量数据及具有重要应用价值的成果，为人类开发利用太空和在太空长期生活积累了丰富的经验。因此，"和平"号是载人空间站的研制与运行领域的一座重要里程碑。

　　由于部件老化（设计寿命 10 年）且缺乏维修经费，2000 年底，俄罗斯宇航局决定将"和平"号坠毁。2001 年，承载着无数荣耀的"和平"号坠入地球大气层被烧毁，碎片落入南太平洋预定海域中。

"天宫"一号与"天宫"二号

　　多年来，我国一直在进行空间站的自主研发。2011 年 9 月，为建设空间站进行技术验证的中国首个空间实验室"天宫"一号升空，并与"神舟"八号飞船完成对接。"天宫"二号是我国第一个真正意义上的空间实验室，于 2016 年 9 月成功发射。中国将在 2022 年左右建成真正的空间站。

国际空间站

为了更好地探索和研究宇宙，一些在航天技术上领先的国家积极展开合作，建立了国际太空探索基地——国际空间站。国际空间站是目前在轨运行的最大、最昂贵的空间平台，由 16 个国家合作建造、运行和使用。国际空间站项目是有史以来规模最大、耗时最长且涉及国家最多的空间国际合作项目。

基本概况

国际空间站是由美国国家航空航天局、俄罗斯联邦航天局、日本宇宙航空研究开发机构、加拿大航天局和欧洲航天局共同建造的空间站项目。1993 年完成设计，并开始工程实施。采取边建造边应

用的模式推进，
至 2011 年基本
建成。

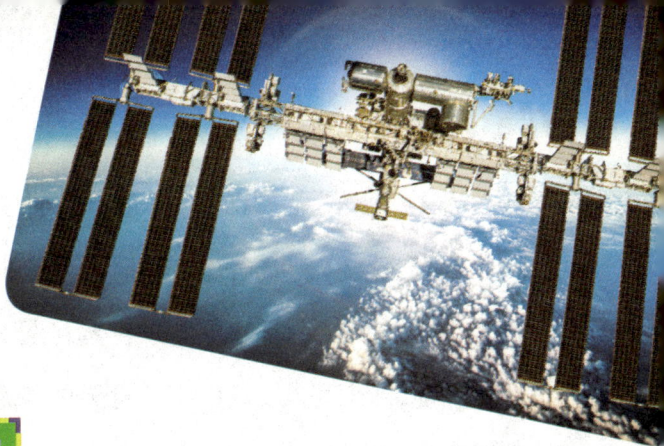

复杂的结构

国际空间站的总体设计采用桁架挂舱式结构，即以桁架为基本结构，增压舱和其他各种服务设施挂靠在桁架上。该结构能够加强空间站的刚度，并有利于各分系统和科学实验设备、仪器工作性能的正常发挥及航天员出舱装配与维修等。

国际空间站主要由两大结构呈"十"字状搭在一起建成。其中，纵向的主干主要是一些像积木一样拼接在一起的舱体。而由"横梁"连接而成的超长桁架，会以90度角"架"在纵向主干上，这一横向桁架的翼展将达到 109 米。虽然总体的骨架是一个大"十"字，但国际空间站真正的形

超神奇！

国际空间站的指挥和控制由美俄两国分担：美国主要以航天飞机为运载工具建设空间站，俄罗斯则主要用飞船向空间站运送人员和物资。

41

态远非这么简单。纵向的各舱体上，还会在不同方向衍生出其他结构；而横向的桁架两端，最终也将挂起巨大的太阳能电池板、散热器等装置；另外，携带着机械臂的小车，将来也可以在横贯桁架的轨道上来回滑动。与俄罗斯"和平"号等仅仅由舱体连接而成的传统空间站相比，国际空间站的一个显著特点是增加了横向的桁架。这种"纵横交错"立体交叉的结构方式，灵活性更强，工作效率更高，但安装施工的复杂性和难度也更大。

组成部分

国际空间站包括 6 个实验舱、1 个居住舱、3 个节

点舱及平衡系统、供电系统、
服务系统和运输系统，总质量约423
吨。实验舱的分配为，美国1个，欧洲航天局1个，日
本1个，俄罗斯3个（提供科研机柜）。居住舱包括洗
手间、卧室、厨房和医疗设备。

宇宙科学馆

国际空间站的建设，意味着一个共同探索和开发宇
宙空间时代的到来。它将成为新型能源、运输技术、自
动化技术和下一代传感器技术的测试基地，它的建设推
动了流体力学、燃烧、空间生命科学和生物技术等研究
的发展，对未来的太空探索必将产生重要影响。

航天英雄

古往今来，人类一直怀揣着飞天的梦想。进入新时代以来，人类凭借着不断探索未知的勇气和不断发展的科学技术，真正实现了进入太空的梦想。而那些克服重重困难进入太空的航天员，全部是当之无愧的英雄。

进入太空第一人——加加林

1961 年 4 月 12 日，是人类航天史上具有开创性意义的一天。上午 9 时 7 分，苏联"东方"1 号载人飞船在苏

联哈萨克斯坦中部的拜科努尔发射场发射升空，飞行 108 分钟后，于萨拉托夫州捷尔诺夫卡区斯梅洛夫卡村附近着陆。这是人类有史以来的第一次载人航天飞行，苏联航天员尤里·加加林，"东方" 1 号的唯一乘员，将作为第一个飞上太空的人被载入史册。

1959 年，苏联 "宇航之父" 科罗廖夫着手进行载人宇宙飞行的研究。苏联决心要抢在美国之前，把载人飞船送入太空，航天员的选拔工作因此变得相当紧迫。歼击机飞行员加加林从数千名空军飞行员中脱颖而出，与其他 19 名入选者最终获取了苏联首批航天员的光荣身份。最终，加加林凭

超 神 奇！

不幸的是，1968 年 3 月 27 日，加加林在一次飞行训练中，因一架双座喷气式飞机坠毁而遇难，年仅 34 岁。

借坚定的爱国精神、强健的体质、乐观主义精神、过人的机智，成为苏联第一名航天员。

这次飞行之后，世界各国报纸立即对此进行了报道，加加林闻名全世界。加加林也因此荣获列宁勋章，并被授予"苏联英雄"和"苏联航天员"称号。

登月第一人——阿姆斯特朗

1969 年 7 月 16 日，美国航天员阿姆斯特朗同奥尔德林、柯林斯一起乘"阿波罗"11 号飞船飞向月球。7 月 20 日，由他手控操纵"鹰号"登月舱在宁静海西南缘附近的平坦地带着陆。7 月 21 日，飞行指令长阿姆斯特朗爬出登月舱的气闸室舱门，在 5 米高的进出口台上待了几分钟，以平复激动的心情。然后他伸出左脚慢慢地沿着登月舱着陆架上的一架扶梯走向月面。他在扶梯的每一级上都稍微停留一下，以使身体能适应月球重力环境。他走完 9 级扶梯共花了 3 分钟。之后他小心

翼翼地用左脚触及月面，然后鼓起勇气将右脚也踏在月面上。于是月球那荒凉而沉寂的土地上第一次印上了人类的脚印。当时他说出了此后在无数场合被引用的名言："这是个人迈出的一小步，但却是人类迈出的一大步。"

　　阿姆斯特朗和奥尔德林在月面上共停留了 21 小时 18 分钟，在舱外活动了 2 小时 21 分钟。在这无声无息的环境里，他们安装了自动月震仪、激光后向反射器、太阳风测试仪，并收集了 23 千克的月球岩土标本，插上了

一面美国国旗。电视摄像机不断地把他们的活动拍摄下来送回地面，地面上千千万万名观众与他们一道经历了这一场冒险。当时，他们的另一位同胞柯林斯却在500千米高的月空中飞行，以等候他们胜利归来。

7月24日，"阿波罗"11号飞船降落于太平洋。同年，阿姆斯特朗获美国总统颁发的"自由勋章"。

中国载人航天第一人——杨利伟

北京时间2003年10月15日9时，"神舟"五号飞

船搭载航天员杨利伟

于甘肃酒泉卫

星发射中心发

射，在轨运行

14 圈，历时 21

小时 23 分钟，其返

回舱于北京时间 2003 年

10 月 16 日 6 时 23 分返回内蒙古主着陆场，其轨道舱留

轨运行半年。"神舟"五号的成功发射实现了中华民族数

千年来的飞天愿望，杨利伟也成为中国载人航天第一人，

是当之无愧的华夏飞天英雄。

杨利伟从小好奇心就很强，梦想有一天自己可以像鸟儿一样飞翔。因此，1983 年 6 月，当空军招收飞行员时，正在上高三的他便毅然决然地报名参了军，经过严格的选拔、考查、体检等程序后，正式成为一名空军学员。

1987 年，杨利伟从中国人民解放军空军航空大学毕业，被分配至空军歼击航空兵部队做飞行员。1988 年，杨利伟被授予空军中尉军衔，同年加入中国共产党。

杨利伟不但身体素质和心理素质过硬，而且品学兼优，训练刻苦。他飞过很多种机型，练就了一身出色的

飞行技术，这些都为他后来成为航天员奠定了基础。

1995年9月，载人航天工程指挥部获中央军委批复，要从空军现役飞行员中选拔预备航天员。经过层层筛选，杨利伟和其他13位优秀的空军飞行员成为中国第一代航天员。2003年7月，杨利伟因具备了独立执行航天飞行的能力，被授予三级航天员资格。

2003年11月7日，杨利伟获得"航天英雄"的称号，在人民大会堂获得了奖章和证书。

宇宙科学馆

到目前为止，中国是除俄罗斯和美国以外，第三个有能力将人类送入太空的国家。继"神舟"五号飞船圆满完成任务后，中国的"神舟"六号、"神舟"七号、"神舟"九号、"神舟"十号、"神舟"十一号、"神舟"十二号航天飞船都圆满完成了载人航天飞行任务。

航天员在太空中的生活

在太空中，人处于失重状态，就像传说中的神仙那样飘浮在空中，因此他们的生活方式是和地球上不同的。那么，航天员在太空中是怎样生活的呢?

吃饭要小心

航天员吃饭时张嘴闭嘴要快，如果不小心将食品碎屑掉落，它们就会飘在空间站，很不好清除。因此，早期的太空食品都做成糊状，如苹果酱、牛肉酱、菜泥和肉菜混合泥之类。现在的太空食品多采用易拉罐包装，以便加热。为防止开盖时食品飞走，易拉盖下通常被加封一层塑料膜。

睡觉很特别

在太空中睡觉也是一件很有趣的事，首先是"黑白不分"。由于航天员在天上绕地球航行，太空日出日落由航天器绕地球一圈的时间而定。因此，航天员无法按照地球上"日落而息"的习惯睡觉。航天员在太空中的睡姿是很随意的，因为在失重的情况下，他们可以躺着睡、站着睡，还可以飘着睡。但为了避免睡着以后飘来飘去的，他们通常睡在睡袋里。

洗漱排便不轻松

航天员在太空中也要刷牙，但刷牙对他们来说可不是一件轻松的事。航天

员没有牙刷，只能用湿布包在手指上当牙刷。航天员的牙膏是特制的，为了防止牙膏泡沫在空间站中乱飞，他们刷完牙后要把牙膏咽进肚子里。长期待在太空中的航天员，同生活在地球上的人一样需要洗澡。在太空中洗澡既费时又费力，首先航天员要把脚固定在一个限制器上，防止洗澡时飘起来；然后要戴上面罩和眼罩，防止水珠被吸入肺部或进入眼睛。

航天员在太空中大小便也同样很不方便。他们要把

自己固定在马桶上，以免粪便飘到空间站中。

垃圾的处理

由于太空环境的影响，空间站内的大部分垃圾都是湿的，这会促使微生物和细菌的生长。为了保证航天员的身体健康，必须抑制细菌的繁殖，所以要对垃圾进行真空干燥或冷冻储藏处理。

宇宙科学馆

成为一名航天员需要具备什么条件？需要高超的技能、健康的身体、良好的心理素质和极强的抗压能力等。由此可见，成为一名航天员是十分不容易的事情。

太空行走

所谓的太空行走实际上是指航天员离开宇宙飞船，独自进入太空进行出舱活动。这项活动虽然被称为太空行走，然而在失重的太空中，航天员其实处于一种飘浮的状态。

行走方式

太空是真空的环境，没有空气也没有陆地，航天员在太空中处于一种失重的状态。因此，要实现航天员在太空行走的目标，很多技术支持是少不了的。

在早期的太空活动中，航天员离开飞船外出活动时，需要用"脐带式"的保障系统与飞船连在一起，以维持氧气的供应，防止身体离开飞船。由于连接飞船的"脐带"不能过长，所以航天员只能在航天器附近活动。并且这些"脐带"还容易缠绕起来，会威胁航天员的生命。

后来，随着科技的进步，科学家们研制出了一种新式的航天服，这种航天服不仅能提供氧气、无线电信号，还配备了喷气动力系统。这个系统如同一个"小火箭"，航天员只要控制扶手上的开关，就能改变这个"小火箭"的方向和推力。有了这些先进技术的支持，航天员就能自如地在太空中行走了。

超神奇！

2008年9月27日，"神舟"七号载人飞船中的航天员翟志刚进行出舱活动，完成了中国人的首次太空行走，开启了中国航天事业的新篇章。

航天服的重要作用

　　航天服是航天员的生命保障系统，也是航天员进行太空行走的生命屏障。航天服经得住细小陨石和微尘的高速冲击，可以很好地保护航天员免受各种伤害。在真空环境中，人体血液中含有的氮会变成气体。如果人不穿加压气密的航天服，就会因体内外的压差悬殊而产生生命危险。航天服里还有供氧和通风等设备，而且可以储存一定量的食物和水，以及能容纳排泄物的马桶。另外，还有一种只能供航天员在飞船座舱内使用的航天服。

如果飞船座舱内发生泄漏，航天员可以穿上舱内航天服，启动供氧、供气系统。另外，它还能提供一定的温度保障和通信功能，在飞船发生故障时确保航天员安全返回地面。所以，为了能够在外太空活动，航天员必须穿上特制的航天服。

行走目的

既然航天员出舱如此危险，那么为什么他们还要进行太空行走呢？原来他们主要是为了检查和维修航天器、进行科学实验和施放卫星等活动。航天员出舱后，可以

完成许多机器无法完成的复杂工作。正是因为航天员不断地进行舱外操作，宇宙探索工作才得以顺利进行。而登月活动更是体现了航天员太空行走的巨大作用，为人类登上其他星球打下了良好的基础。

宇宙科学馆

航天员在航天器中处于失重的状态，一旦他们身体的任何部位碰到舱壁等物体，就会被反作用力推开。因此航天员在行动时要时刻保持平衡，做动作时都是非常缓慢的。

危害严重的太空垃圾

所谓的太空垃圾就是指人类在探索宇宙的过程中，有意无意地遗留在宇宙空间的各种残骸和废物。它们像人造卫星一样按一定的轨道环绕地球飞行，形成一条危险的垃圾带。

分类

1957年，苏联成功发射了世界上第一颗人造地球卫星，揭开了人类空间时代的序幕，同时也为太空送去了第一批垃圾。当时，航天员完成飞行任务后，把卫星的装载舱、备用舱、仪器设备及其他遗弃物都留在了卫星轨道上。此后，随着人类太空史上的一次次壮举，太空垃圾与日俱增，也日益引起了人们的关注。

61

太空垃圾可分为三类:一是用现代雷达能够监视和跟踪的比较大的物体,主要有各种卫星及各种部件等;二是体积小的物体,如发动机等在空间爆炸时产生的残骸,其数量估计至少有几百万个;三是核动力卫星及其产生的放射性碎片。

危害极大

太空垃圾给航天事业的发展带来了隐患,它们是人造卫星和轨道空间站的潜在杀手,对航天员的安全造成严重威胁。要知道,太空垃圾是以宇宙速度运行的。一颗迎面而来的直径为 0.5 毫米的金属微粒,足以戳穿密封的航天服;人们肉眼无法辨别的尘埃(如油漆细屑、涂

料粉末）也能使航天员殒命；一块仅有阿司匹林药片大的残骸可将航天器撞成"残废"，甚至可将其摧毁。在人类太空史上，太空垃圾造成的事故和灾难屡见不鲜。

太空垃圾不仅给航天事业带来巨大隐患，还污染了宇宙空间，给人类带来灾难，尤其是核动力发动机脱落后，会造成放射性污染。

应对措施

太空垃圾有这么严重的危害，我们应该采取怎样的措施加以应对呢？

从法规上来看，主要是制定规章，规范航天发射，尽量减少太空垃圾的产生。在技术上，可采取的措施则多种多样。其中一个是加强观测，通过天文望远镜观察太空垃圾，及时发出警报。

但是，天文望远镜只能观察到 10 厘米以上的垃圾，更小的暂时看不到。为此，有的科学家提出给航天器加上由陶瓷材料和高分子材料制成的盾牌，抵挡

超神奇！

1983 年，美国航天飞机"挑战者"号与一块微小的涂料剥离物相撞，导致舷窗破损，只好停止飞行。苏联的"礼炮"7 号空间站也多次因此类"尘埃"而损坏。1986 年，"阿丽亚娜"号火箭进入轨道之后不久便爆炸，形成了大量的残骸和碎片，这些残骸使 2 颗日本通信卫星"命赴黄泉"！

微小垃圾对它们的撞击。还有人提出，使用小卫星和离子火箭，缓慢接近垃圾，然后将其轨道改变，或是摧毁它们，以便减小威胁。

减少太空垃圾，归结起来要做到"避、禁、减、清"。

所谓"避"，就是对太空垃圾进行严密监视与跟踪，并采取有效的技术手段，使航天器及时避开太空垃圾。

所谓"禁"，就是国际上制定有关法规，禁止在宇宙空间进行实验和部署各

种武器，限制发射核动力卫星，使宇宙空间成为为人类文明服务的和平空间。

所谓"减"，就是发射航天器的国家应采取措施，尽量减少太空垃圾的产生。

所谓"清"，就是发展太空垃圾清除技术。

随着人类对太空环保的重视，太空垃圾必将得到治理，那时人类将重新获得一个美丽而清洁的宇宙空间。

宇宙科学馆

太空垃圾会自己消失吗？当然不会。因为宇宙处于一个真空的状态，里面既没有空气，也没有细菌，所以这些太空垃圾不会生锈，也不会腐烂，只能永远地留在浩瀚的宇宙中。但是也有一些太空垃圾会被地球吸入大气层，在与大气层的剧烈摩擦中化为灰烬。

探测月球

随着科学技术的不断发展，人类探索宇宙的脚步也在不断深入。现如今，脱离地球引力场，对地球以外天体开展的空间探测活动，即深空探测，已成为当前和未来航天领域的发展重点之一。由于月球是地球的近邻，所以，便成为人类的首个探测目标。

苏联

20 世纪 50—70 年代，苏联和美国这两个超级大国积极开展在太空中的竞赛。在此期间，苏联率先发射了抵达月球的探测器。

1958—1976 年，苏联共向月球发射了 61 个探测器。其中"月球"1 号是人类发射的第一个抵达近月空间的探测器。

"月球"2号是第一个在月球表面硬着陆的探测器。"月球"9号是第一个在月球表面软着陆的探测器。"月球"10号成功进入环绕月球的轨道，成为第一颗人造月球卫星。"月球"17号是第一个载着自动月球车软着陆月球表面的探测器。

"月球"20号和"月球"24号分别采集到了月球的土壤和岩石碎块样品。除了"月球"号系列之外，苏联还发射了"探测器号"系列，其主要任务是为载人登月做准备，但由于火箭发射失败，未达成登月的愿望。

美 国

在苏联和美国积极探测月球的过程中，

超神奇！

1959年9月12日，苏联发射的"月球"2号探测器飞行2天后抵达月球，在月球表面的澄海硬着陆，这是人类文明史上第一次将人造物体降落在月球上。

苏联一马当先，创下了多个第一，然而美国也不甘落后，实现了人类的第一次登月。

1958—1965 年，美国先后向月球发射了"徘徊者"号系列和"先驱者"号系列探测器。1966—1968 年，美国发射了 7 个"勘测者"号探测器和 5 个"月球轨道器"，对月球表面进行勘测后，选出了 10 个可供"阿波罗"号飞船着陆的登月点。

1969 年 7 月 20 日，"阿波罗" 11 号载人飞船成功在月球降落，实现了人类载人登月的伟大构想。此后，美国又相继 6 次发射"阿波罗"号飞船，其中 5 次成功发射，总共有 12 名航天员登上过月球。

1971 年 7 月，美国"阿波罗"15 号航天员戴维·斯科特和詹姆斯·欧文驾驶着四轮月球车，在崎岖不平的月球表面，越过陨石坑和砾石，行驶了数千米。这是人类第一次在月球上驾车行驶。

欧 洲

2003 年 9 月 27 日，欧洲航天局的第一个月球探测器"斯玛特"1 号搭乘的"阿丽亚娜"5 型运载火箭升空，踏上了奔月的航程。2004 年 11 月，"斯玛特"1 号终于抵达近月轨道，开始科学探测。2006 年 9 月，"斯玛特"1 号成功撞击月球表面。

日 本

2007 年 9 月 14 日，日本发射了第一颗月球探测器——"月女神"。"月女神"探测器上共搭载了 15 种精密仪器，以前所未有的精度对月球正面和背面的重力异常分布进行了测量，获得了高清晰的月球表面立体图形和一系列关于月球环境、资源的数据。

中国

    21 世纪以来，中国航天科技取得了举世瞩目的成就。近年来，我国又开启了探索月球的"嫦娥工程"计划。在综合分析国际上月球探测已取得的成果，以及世界各国"重返月球"的战略目标和实施计划后，又考虑到我国的科学技术水平、综合国力和国家整体发展战略，我国近年来的月球探测不以载人为目的。中国探月工程共分为三个发展阶段，它们之间保持一定的连续性、继承性和前瞻性。

    第一阶段：称为"绕"，即研制和发射我国第一颗月球探测卫星，实现月球探测卫星绕月飞行。2007 年 10 月 24 日，"嫦娥"一号卫星成功发射升空。"嫦娥"一号的奔月之旅不仅获取了全月球高精度三维立体图像，还对月球表面的地貌、地形、地质构造、环境和物理场进行了探测，获得了宝贵的数据。

第二阶段：称为"落"，任务是实现月面软着陆和自动巡视勘察。2010年10月1日，"嫦娥"二号卫星顺利升空。作为技术先导星，其为第二阶段的工作进行了多项技术验证，并开展了多项拓展试验。2013年12月14日，"嫦娥"三号探测器在月面登陆，"玉兔"号月球车开始巡视月面，并获得了大量工程和科学数据。2019年1月3日，"嫦娥"四号探测器实现了人类探测器首次月背软着陆，意义重大。

宇宙科学馆

"嫦娥工程"第三阶段完成以后，我国将进入载人登月阶段，那时我国的载人登月计划就会全部浮出水面。

第三阶段：称为"回"，即把从月球收集到的样本带回地球，在实验室做精细的研究和分析。2020年12月1日，"嫦娥"五号探测器登陆月球，带回了1731克月壤。

实现载人登月的 "阿波罗" 计划

飞上月球是人类千百年来的梦想。就在 20 世纪后半期，美国通过 "阿波罗" 计划终于成功实现了这一伟大梦想。

意义非凡

"阿波罗" 计划是美国制订的一项宏大的空间发展和研究计划，旨在完成人类登月的目标。

"阿波罗" 计划是人类有史以来制订的最大规模的科学计划，该计划从开始到结束历时超过 11 年，耗资 255 亿美元。其参加人数之多、耗资之巨，举世罕见。它带来的丰硕成果难以计数，不

仅为人类
开辟了通往
月球的通道，
也为人类更深入地
探测宇宙空间带来了信心。

登月方案

　　"阿波罗"计划确定后，专家们提出了五种方案，分别是"直接登月法""地球轨道交会法""加油飞机法""月球表面会合法""月球轨道交会法"。前四种方案由于技术难度高、危险性大等问题都没有被采用。专家们经过细致地比较和筛选，最终选择了第五种方案，即"月球轨道交会法"。

　　"月球轨道交会法"指利用"土星"5号运载火箭将三名航天员乘坐的飞船送入地球轨道，然后飞船和火箭分离，飞船经惯性飞行三天后进入月球轨道，其中两名

超神奇！

　　阿波罗是古希腊神话中的太阳神，与狩猎女神阿耳忒弥斯是孪生兄妹。他掌管诗歌、音乐、医药等，代表着光明和希望。"阿波罗"作为登月计划的名字表达了美国登月的决心。

准备登月的航天员进入登月舱（飞船由指令舱、服务舱、登月舱三部分组成），并和指令舱分离，靠登月舱上自带的制动火箭降落到月面上。返回时，两名航天员登上登月舱，发动火箭与指令舱会合，会合后逐步将登月舱、服务舱抛掉，返回地球。

专家们之所以选择第五种方案，是因为它不但设计合理，而且大大减轻了飞船回程的重量，是最有可能实现的。

登月成功

宇宙科学馆

月球的质量太小，重力只有地球的 1/6，人在上面走起路来头重脚轻，因此航天员在月球上行走时一般是跳跃着前进的。

在攻克了一个个技术难关后，1969 年 7 月 16 日，美国航天员阿姆斯特朗、奥尔德林和柯林斯乘坐"阿波罗" 11 号飞船飞向月球。阿姆斯特朗率先登上月球，成为第一个登上月球并在月球上行走的人。

"阿波罗"计划共发射了 17 艘飞船，其中"阿波罗" 11 ～ 17 号都进行了载人登月，除了"阿波罗" 13 号，其余 6 艘"阿波罗号"飞船均成功登月。

探测行星及其卫星

航天事业轰轰烈烈地发展了几十年，人类已经向太阳系中派遣了几十个探测器，这些探测器帮助人类收集了很多资料，让生活在地球上的人们更加了解这些"邻居"。

探测金星

苏联是最早向金星发射探测器的国家。从 20 世纪 60 年代开始，苏联向金星发射"金星"号系列探测器，试图揭开金星的神秘面纱。

　　出于各种原因，起初发射的几个"金星"号探测器均未能发回金星表面的资料。1970年12月15日，"金星"7号在金星实现软着陆，成为首个成功着陆其他行星的探测器。"金星"7号还成功传回金星表面温度、气压等数据资料。此后，苏联又相继发射了9个"金星"号探测器，拍摄到了金星的全景照片，获得许多宝贵的资料，为人们认识金星、了解金星做出了巨大贡献。

　　从1962年开始，美国先后发射了10个"水手"号金星探测器。其中"水手"2号于1963年2月在距金星34800千米处飞过，成为世界上第一个成功接近其他行星的空间探测器。而1973年11月发射的"水手"10号，

不但对金星进行了探测，而且借助金星的引力三次飞越水星，对水星进行了成功的探测。

探测火星

长久以来，人们对火星一直充满好奇，希望能够近距离地考察它。

1962 年 11 月 1 日，苏联捷足先登，发射了世界上第一个火星探测器——"火星" 1 号，然而这次探测却以失败告终。

1964 年 11 月 28 日，美国将 "水手" 4 号探测器送入奔向火星的轨道，并首次从火星附近向地球发回火星的图像。

1971 年 5 月 28 日，苏

超神奇！

金星的自转不同寻常：一方面它很慢，一个金星日相当于 243 个地球日；另一方面它是沿着顺时针的方向转的，这与大多数行星都不同。

联发射的"火星"3号探测器在火星表面成功软着陆，成为第一个抵达火星的人类"使者"。遗憾的是，由于遭遇火星沙暴，它仅仅传送了20秒的信号就失联了。

1975年8月和9月，美国分别发射了两个"海盗"号探测器——"海盗"1号和"海盗"2号，它们分别于1976年7月20日和9月3日在火星表面软着陆成功。它们发回了大量火星表面图像的传真照片，使人类第一次见识了火星的真实面貌。

1997年7月4日，美国的"火星拓荒者"号探测器降落在火星表面。它的任务就是搜集火星表面的数据，拍摄火星照片并且将其传回地球。"火星拓荒者"号的成功登陆，也为日后登陆太空船和探测车的设计做出了重

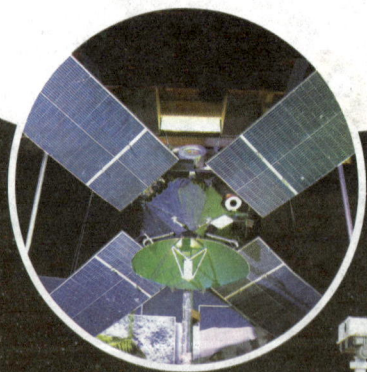

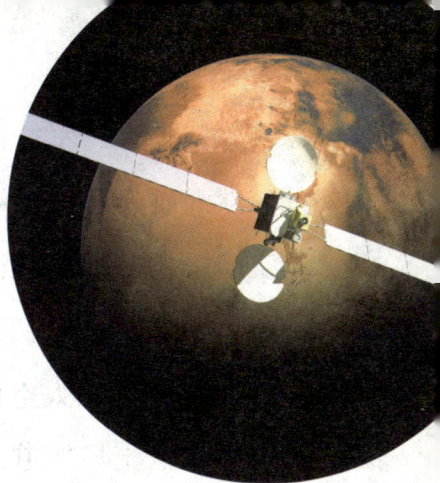

要贡献。

2018 年，欧洲航天局发射
的"火星快车"号探测器在火星
南极的冰盖下，首次发现了液态
湖泊。

2020 年 7 月 23 日，中国首个火星探测器
"天问"一号升空。其携带的"祝融"号火星车在火星表
面进行了为期 90 个火星日（一个火星日约 24 小时 39 分
35.2 秒）的巡视探测任务。

探测土星

　　"卡西尼 – 惠更斯"计划是一个由美国国家航空航天

（79）

局、欧洲航天局和意大利航天局三方合作的，对土星进行空间探测的科研项目。1997 年，"卡西尼－惠更斯"探测器离开地球，开始了漫长的土星探测之旅。

2004 年，在太空旅行 7 年后，"卡西尼－惠更斯"探测器进入土星轨道，正式开始了对土星的探测使命，对土星及其大气、光环、卫星和磁场进行考察。

2004 年 12 月，"惠更斯"号探测器脱离位于环土星轨道的"卡西尼"号探测器，飞向土星最大的一颗卫星——土卫六。

2005 年，"惠更斯"号抵达土卫六上空目标位置，同

时开启自身的降落程序，穿越土卫六的大气层，成功登陆上卫六。

2005—2008 年，"卡西尼"号探测器环绕土星运行，近距离地观测了土星的全貌，并对土星及围绕土星运行的卫星进行了探测。

宇宙科学馆

"卡西尼－惠更斯"探测器的整个建造过程共有 17 个国家参与。美国国家航空航天局负责建造和管理"卡西尼"号探测器，欧洲航天局负责建造"惠更斯"号探测器，意大利航天局负责提供"卡西尼"号需要的通信高增益天线。

　　"卡西尼"号和"惠更斯"号经过多年的工作，传回了大量关于土星及其卫星的照片和数据，使人类对土星有了更多的了解。

探测木星

　　1972年3月，美国发射"先驱者"10号探测器，这是第一艘近距离观测到木星的飞行器。1973年12月3日，"先驱者"10号发回了第一组近距离拍摄的木星照片。

1977 年，美国发射了两个"旅行者"号探测器，其目标是探测木星和土星。1979 年，"旅行者" 1 号到达木星轨道附近，拍摄到了更加清晰的木星照片。其后，它又探测了土星。同年，"旅行者" 2 号也接近了木星，发现了几个环绕木星的环，并拍摄了木卫一的一些照片，显示出其火山活动。其后"旅行者" 2 号又分别探测了土星、天王星和海王星。

1989 年 10 月 18 日，美国发射了"伽利略"号探测器，这是美国发射的第一个专门用于探索木星的航天器，其上配备了多种专业的科学仪器。1995 年 12 月，"伽利略"号进入木星轨道。它的轨道器在释放出探测器后，就成为环绕木星运行的人造卫星，而探测器则到达木星表面。因为有了"伽利略"号，人类才对木星这颗星球有了更深入的了解。

　　2003 年 9 月 21 日，"伽利略"号在科学家的引导下撞向木星而坠毁，结束了其近 14 年的探索工作。

探测小行星

随着对宇宙了解的不断深入，人类已经逐渐认识到探测小行星的重要意义。从前，人类只能依靠天文望远镜、摄影技术等来发现和观测小行星，而现在人们则能通过深空探测技术、无线电技术等更深入地了解它们。

"隼鸟"号

"隼鸟"号是日本宇宙航空研究开发机构研发的小行星探测计划。这项计划的主要目的是将"隼鸟"号探测器送往糸川小行星，并采集小行星样本进行研究。

2003年5月，日本发射了"隼鸟"号小行星探测器。2005年7月，"隼鸟"号第一次拍摄到了糸川小行星的模样。同年11月，"隼鸟"号在糸川小行

星着陆，并成功采集到样品。之后，"隼鸟"号历经 7 年的太空旅途（其间出现了多次故障，经历了很多危险），才终于在 2010 年 6 月返回地球。这是人类第一次在小行星上采样，并将其成功带回地球。

超神奇！

糸川小行星，又名小行星 25143，是一颗会穿越火星轨道的阿波罗小行星，是 1998 年在"丽倪耳"计划中被发现的。糸川小行星是第二个有人造飞行器着陆，第一个被人类采样并被成功带回样品的小行星。

2014 年 12 月，日本又发射了"隼鸟"2 号小行星探

测器。2019 年 2 月，"隼鸟" 2 号着陆在龙宫小行星，这一次，"隼鸟" 2 号也成功收集了龙宫小行星表面的样本。

2019 年 4 月，"隼鸟" 2 号向龙宫小行星表面发射了一枚金属弹，探测器随后收集了被金属弹激起的物质，并将其带回地球。如此一来，"隼鸟" 2 号便成功取走了龙宫小行星表面和次表层地下的物质样本，此举意义非凡。

"黎明" 号

2007 年 9 月，美国发射了 "黎明" 号探测器。该探

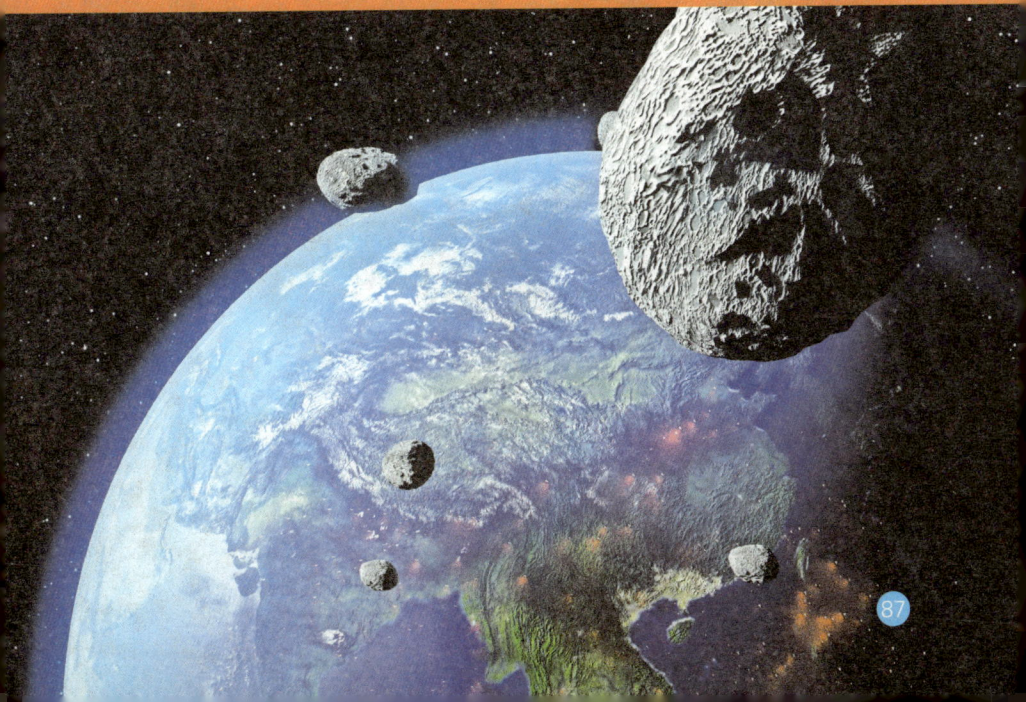

测器远赴火星和木星轨道之间的小行星带，其目的是探测灶神星（小行星）与谷神星（矮行星）。

宇宙科学馆

谷神星是太阳系中唯一位于小行星带的矮行星。起初，谷神星被认为是太阳系已知最大的小行星，2006 年，国际天文学联合会将谷神星重新定义为矮行星。

2011 年 7 月，"黎明"号到达灶神星，并构建了灶神星的三维地形模型。2015 年 3 月，"黎明"号又到达谷神星，并发现谷神星可能存在液体。

"奥西里斯"号

2016 年 9 月，美国发射了"奥西里斯"号小行星探

测器，目的是探测贝努小行星，并计划于 2023 年将样本带回地球进行研究。2018 年 12 月，"奥西里斯"号终于飞抵贝努小行星上空，并拍摄了它的全景图。此后，"奥西里斯"号在围绕贝努小行星飞行的过程中，又拍摄了这颗小行星的很多细节，并制作了完整的 3D 图。

　　2020 年 7 月，"奥西里斯"号接近贝努小行星，将机械臂顶端的取样器深入小行星表面，完成了颇为特别的取样活动。这些样品预计将于 2023 年送回地球。

探测意义

　　小行星上面保留了太阳系早期的一些痕迹，所以探测小行星对研究太阳

系的起源与演化来说是很有价值的。通过对从小行星上采集到的样本的物质成分进行分析，可以获悉太阳系早期形成的信息。通过比对、分析从小行星上带回的样品与地球上收集到的陨石，可以确定陨石与小行星的关系，对研究太阳系的历史演化很有帮助。另外，有些小行星上含有丰富的资源，或可以在未来替代地球资源来使用。对小行星进行研究，还可以为以后防范小天体撞击地球提供线索。

探测彗星

彗星是太阳系中的一类绕日运动的神秘天体，它们呈云雾状，亮度和形状会随日距的变化而变化。由于人类对彗星的认识非常有限，所以发射了多个彗星探测器，试图揭开彗星的神秘面纱。

"罗塞塔"号

2004 年 3 月 2 日，欧洲航天局发射了"罗塞塔"号彗星探测器。该探测器

超神奇！

"罗塞塔"号探测器的名字来源于位于埃及的一块罗塞塔石碑。该石碑的发现，使得科学家破译出了古埃及的象形文字，从而打开了通往古埃及历史文明的大门。欧洲航天局希望这个探测器也能成为人类成功探测彗星的关键。

在经历 10 年的太空旅行后，于 2014 年 8 月 6 日进入"楚留莫夫 – 格拉西门克"彗星的轨道，成为人类历史上第一个进入彗星轨道的探测器。同年 11 月，该探测器携带的"菲莱"着陆器成功降落到"楚留莫夫–格拉西门克"彗星表面，并拍摄了清晰的照片。

2016 年 9 月 30 日，"罗塞塔"号撞向了"楚留莫夫–格拉西门克"彗星，正式结束了它长达 12 年的漫漫旅途。

"深度撞击"号

"深度撞击"号是美国发射的彗星探测器，设计目的

是研究"坦普尔"1号彗星的核心成分。

2005年1月12日,"深度撞击"号被成功发射,同年7月3日,"深度撞击"号释放出一个铜质撞击器,对"坦普尔"1号彗星进行了撞击,8分钟后地球接收到撞击事件的发生信号。"深度撞击"号是第一个激起彗星表面物质的探测

器，实现了与彗星的第一次"亲密接触"。

探测意义

通过对彗星的近距离观测，并对其本质及其组成成分进行研究，人们更好地获悉太阳系形成早期的一些信息，这对于研究太阳系的形成与演化、地球生命起源等问题都有很大的帮助。

宇宙科学馆

如果"深度撞击"号没有按原本的设定撞击"坦普尔"1号彗星的话，怎么办呢？为此，美国国家航空航天局做了备用方案，如果没有成功撞击，就让它继续飞行去探测另外6个替代彗星。